超級偽裝大師
ㄨㄟˋ

超勤奮勞工
ㄑㄧㄣˊㄈㄣˋ

超音波發射者

超亮屁屁

超開心能來到這裡

超會噴射毒液
ㄆㄣ　ㄉㄨˊㄧㄝˋ

超愛大便

超強視力

超級吵

作者

艾希莉・史派爾斯（ASHLEY SPIRES）

史派爾斯是多部童書的作者與繪者，包括暢銷書《最了不起的東西》(小天下) 和改編為Netflix動畫的《太空貓：賓奇》(*Binky The Space Cat*) 系列，該系列首部曲榮獲美國艾斯納獎 (Eisner Award) 和OLA銀樺樹獎 (Silver Birch Express Award)。她喜歡喝茶，愛吃糖果，而且是愛貓一族。創作以外的時間，她會做瑜伽，並且擔任照顧流浪幼貓的中途志工。她住在加拿大溫哥華近郊，家裡有她的丈夫、愛犬，還有數不清的貓。

個人網站：https://www.ashleyspires.com/

這隻甲蟲很天兵①

BURT THE BEETLE DOESN'T BITE!

艾希莉・史派爾斯 Ashley Spires／著

不可能只有我
沒有超能力吧？

每個小花園裡，都住著成千上萬的昆蟲。

哇，
好驚人啊！

有些會飛ㄈㄟ，

有些會爬ㄆㄚˊ。

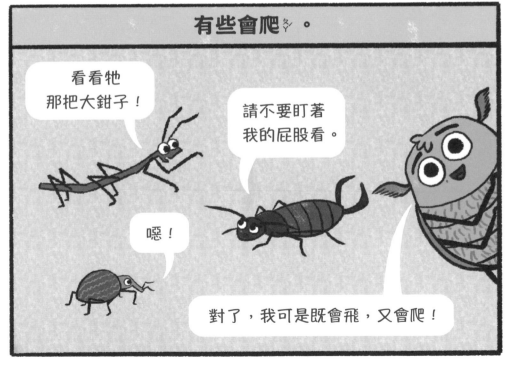

這隻甲蟲名叫「十線六月金龜ㄍㄨㄟ」。

我的朋友都叫我
「瓜哥」。

六月金龜的觸角像羽毛，

肚子毛茸茸的，

還是蟲界大個子。

別擔心！雖然我有點壯，但我不會咬人，只是愛抱抱。

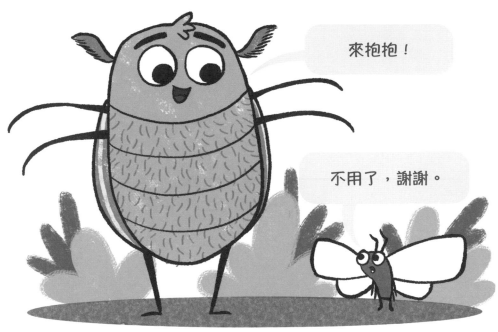

來抱抱！

不用了，謝謝。

有些昆蟲擁有不可思議的超能力。

哇，真的嗎？！
那我也有超能力嗎？

螞蟻可以扛起比自己重50倍的東西。

太厲害了！
你有在健身嗎？

臭屁蟲會釋放臭味，嚇退捕食者。

哇！超級噁心，但是也超級酷。

至於六月金龜……

做不到前面說的任何一件事。

但也有我做得到的事！

我可以拍拍頭，

也可以揉揉肚子。

等等，好像怪怪的⋯⋯

我還可以眨右眼！

眨

成功了嗎？

而且，就像所有了不起的六月金龜一樣……

我會跳踢踏舞！

5，6，7，8！

哇喔！

砰！

六月金龜沒有任何特殊才能。

怎麼可能？
我一定也有
屬於自己的超能力！

人們經常看到六月金龜撲向門廊燈……

你照亮了
我的蟲生。

或是發現牠們六腳朝天，不斷揮舞。

幫個忙？

唉。

好吧，但我跟牠們不一樣。
我敢說，我一定擁有
連科學家都不知道的
隱藏才能。

除此之外，我還會很多
其他昆蟲做得到的事。

大部分的
昆蟲都會爬牆。
ㄑㄧㄤˊ

我也會。

我開始爬囉！

這樣對嗎？

很多昆蟲
跑得很快。

我渴望極速快感！
ㄎㄜˇ ㄨㄤˋ ㄐㄧ

各就各位，

預備……
ㄩˋ ㄅㄟˋ

開跑！

你開始
計時了嗎？

有些昆蟲可以
抵禦捕食者。

看我的……

到此為止了！
大巨鳥！

嚐嚐我的
怒火！

很多昆蟲會飛。

讓你瞧瞧這四片翅膀有多厲害！

看好囉,

炸彈來了!

啊啊啊啊啊!

我黏住了。

這種情況
偶爾會發生。

嘿！有像魔鬼氈的腳算不算
是一種超能力？

你儘管繼續講
那些酷蟲的事情吧。

儘管昆蟲的超能力令人印象深刻，
但很少有昆蟲能夠從黏黏的蜘蛛網上逃走。

等等，哪裡有蜘蛛網？

喔不！你們會被蜘蛛吃掉的！
要想辦法救你們才行！
ㄐㄧㄡˋ

超音波對
蜘蛛網沒用。

我的超級怪力
只能用來搬東西。

我的毒液
無法去除黏性。

我可以放臭屁——

35

蜘蛛會用黏黏的網子抓住獵物。

嗯哼，這我早就知道了。

難道沒有
愈來愈多蜘蛛
改吃素之類的
好消息嗎？

現在告訴我蜘蛛網有多棒，又不能幫我們逃離險境！

那張網子不過是從蜘蛛屁屁冒出來的花俏絲線，既黏乎乎，又讓蟲難以掙脫……

喔！

發生⋯⋯什麼⋯⋯事？

我來跟你解釋一下。
ㄐㄧㄝˇㄕˋ

我正在用我溫暖的擁抱擊退你。
ㄐㄧ

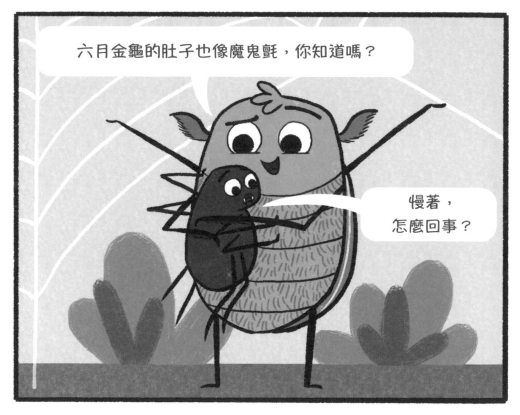

六月金龜的肚子也像魔鬼氈，你知道嗎？

慢著，怎麼回事？

有些身材特別壯碩的昆蟲可以撞破蜘蛛網。

51

六月金龜或許沒有不可思議的超能力，
但牠們擁有許多超棒的好朋友。

唉呀。

別忘了，
我還是隻超棒的
「抱抱蟲」。

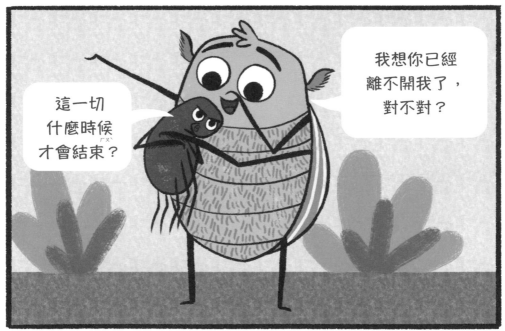

超厲害的昆蟲超能力

螞蟻很強壯，但世界上最強壯的昆蟲是糞金龜。
牠可以推動比自己重1,141倍的東西，
相當於你一個人拉動2台聯結車。

但你可以把這2台聯結車
想成是大便做的！

飛最快的昆蟲是蜻蜓，飛行時速高達每小時58公里！
澳洲虎甲蟲則是地面上最快的昆蟲，
奔跑速度可達每小時9公里。

來比一場？

誰怕誰！

天蛾可以發出超音波(人類耳朵聽不到的聲音)，
干擾天敵的回聲定位(有些動物會發出聲音並
藉由回聲來判斷周遭物體的距離和方位)。
這表示天蛾在牠的天敵面前是隱形的！

你一下看得見我，
一下又看不見！

象白蟻能噴射麻痺毒液，讓捕食者動彈不得。
放屁蟲更厲害，可以對敵人噴射溫度超高的熱毒霧！

熱毒霧要來囉！

真高興
我看不見。

獻給杜肯──
我非凡的親人、朋友兼奇才。

小野人 59

作　　者　艾希莉‧史派爾斯 Ashley Spires
譯　　者　野人文化編輯部

野人文化股份有限公司
社　　長　張瑩瑩
總 編 輯　蔡麗真
主　　編　陳瑾璇
責任編輯　李怡庭
專業校對　林昌榮
行銷經理　林麗紅
行銷企畫　蔡逸萱、李映柔
封面設計　周家瑤
內頁排版　洪素貞

讀書共和國出版集團
社　　長　郭重興
發 行 人　曾大福

出　　版　野人文化股份有限公司
發　　行　遠足文化事業股份有限公司
　　　　　地址：231 新北市新店區民權路 108-2 號 9 樓
　　　　　電話：（02）2218-1417　傳真：（02）8667-1065
　　　　　電子信箱：service@bookrep.com.tw
　　　　　網址：www.bookrep.com.tw
　　　　　郵撥帳號：19504465 遠足文化事業股份有限公司
　　　　　客服專線：0800-221-029
法律顧問　華洋法律事務所　蘇文生律師
印　　製　凱林彩印股份有限公司
初版首刷　2023 年 06 月

有著作權　侵害必究
特別聲明：有關本書中的言論內容，不代表本公司/出版集團之立場與意見，
文責由作者自行承擔
歡迎團體訂購，另有優惠，請洽業務部（02）22181417 分機 1124

國家圖書館出版品預行編目 (CIP) 資料

這隻甲蟲很天兵 (1)：不可能只有我沒有超能力吧？【昆
蟲知識╳冒險成長，超人氣獲獎圖像書】/ 艾希莉‧史
派爾斯 (Ashley Spires) 著；野人文化編輯部譯 . -- 初版 .
-- 新北市：野人文化股份有限公司出版：遠足文化事業
股份有限公司發行 , 2023.06-
　　冊；　公分 . -- (小野人；59-)
譯自：Burt the beetle doesn't bite!
ISBN 978-986-384-851-6（精裝）
ISBN 978-986-384-854-7（EPUB）
ISBN 978-986-384-855-4（PDF）

1.CST: 甲蟲 2.CST: 繪本

387.785　　　　　　　　　　　　　112003386

這隻甲蟲很天兵 (1)

野人文化　野人文化
官方網頁　讀者回函

線上讀者回函專用
QR CODE，你的寶
貴意見，將是我們
進步的最大動力。

作者：艾希莉・史派爾斯
Ashley Spires

這隻甲蟲很天兵 (2)

不可能只有我沒有房子住吧？
Burt the Beetle Lives Here!
【昆蟲知識╳冒險成長，超人氣獲獎書系列作】

沫蟬住泡泡屋，編織蟻有豪華空景，
蜂巢是大師傑作……
我的夢想蟲屋在哪裡？

嗨，我是六月金龜瓜哥，最近我有個煩惱——
我的朋友都住在舒適又溫暖的蟲屋裡，讓人好羨慕！
為了找到最棒蟲屋，我決定先去試住朋友家。
可是，天幕毛毛蟲的蟲絲帳棚太脆弱，帝王斑蝶的蝶蛹太擁擠，
大教堂白蟻的地下蟻穴又太……太容易迷路了。
只是想幫自己找一個家，怎麼那麼難？
難道，我註定要孤單一蟲，獨自過著流浪生活嗎？

作者： 地球一分鐘 MinuteEarth

1 分鐘看地球

全球兒童瘋迷、5 億人搶著看的
STEAM科學動畫書
MinuteEarth Explains
（附 YouTube 英文影片 QRcode）

5 億點閱，超強 YouTube 知識型頻道！
科學知識 ╳ 超可愛插圖 ╳ 跨領域專家團隊製作
1 分鐘看完，3 秒愛上自然科！

• 候鳥遷徙時，為什麼不飛直線，反而繞遠路？
• 寵物倉鼠為什麼會吃自己的寶寶？是主人給太少飼料嗎？
• 毛衣丟入洗衣機會縮水，為何綿羊淋雨後不會被身上的毛勒到
　喘不過氣？
• 什麼疾病比 Covid-19 更可怕，連居家隔離、社交距離都防不住？
• 全力搶救貓熊，反而會害瀕危生態系更快滅絕？

超級獵人

超會利用太陽能

超級生存王

超級泳者

超速跑者

超級授粉者
ㄕㄡˋ

超煩人
ㄈㄢˊ

超級戰士
ㄓㄢˋ

超級臭